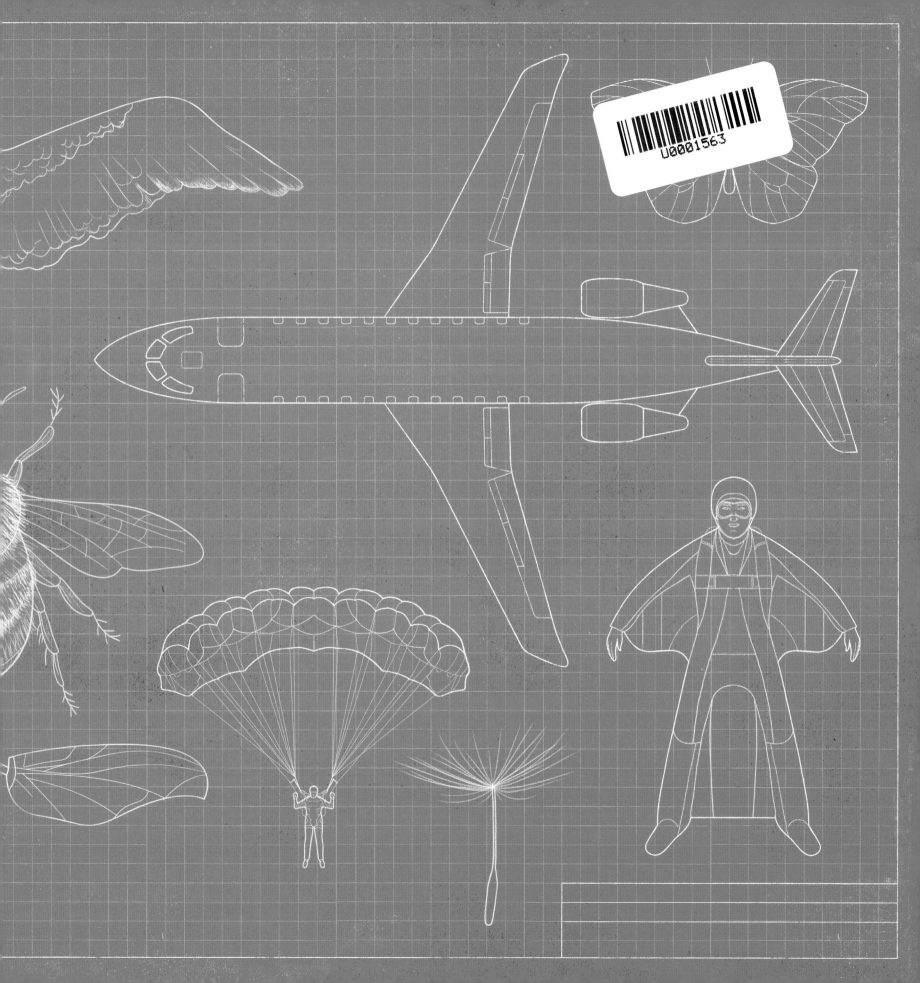

# 向大自然借點子

看科學家、設計師和工程師如何從自然中獲得啟發，
運用仿生學創造科技生活

獻給艾卓安娜，
他的好奇心飛得比飛機還要高。——貢薩洛・維亞納

# 向大自然借點子

## 看科學家、設計師和工程師如何從自然中獲得啟發，運用仿生學創造科技生活

文／哈里艾特‧伊旺　　　　圖／貢薩洛‧維亞納　　　翻譯／林大利
Harriet Evans　　　　　　Goncalo Viana　　　　　特有生物研究保育中心
　　　　　　　　　　　　　　　　　　　　　　　　助理研究員

# 目次

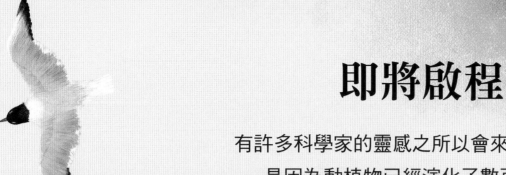

# 即將啟程

有許多科學家的靈感之所以會來自大自然，

是因為動植物已經演化了數百萬年。

雖然有些生物滅絕，

但是，成功存活的物種仍不斷的在適應和演進。

既然我們不想從頭由自己測試新發明，

何不讓大自然來做這件事呢？

本書介紹了在空中飛行的生物和向天空伸展的樹木，

是如何啟發我們製造出最棒的機器。

從人類第一次嘗試飛行，到快如閃電的網際網路，

許多科技的靈感都源自於野生動植物。

本書綜觀不同的主題，而書末的詞彙表會幫你理解較難的概念。

翻開下一頁，發現大自然的波瀾壯闊！

公元前 400～前 200 年

## 中國風箏

中國風箏是人類最早嘗試
模仿鳥類飛行的產品。

1452～1519 年

## 李奧納多・達文西

義大利畫家李奧納多・達文西設
計了「撲翼機」──拍動翅膀的
飛行器。可惜的是，就連達文西
也明白，若真的製造出這樣的交
通工具，也無法運作。

1835 年

## 喬治・凱利

英國發明家喬治・凱利發明了第一架可
以載人的滑翔翼。聽說凱利的司機被迫
試駕這架滑翔翼後就辭職了，因為他的
工作是開車而不是在空中飛！

# 飛機說故事

自古以來，人類時常仰望天空尋找靈感，例如從公元前
400 年至今，藉由模仿鳥類促進了飛機的演變發展。而即
便是科技發達的現代，工程師也還常在向大自然學習。

1903 年

## 萊特兄弟

美國的奧維爾・萊特和威爾伯・萊特
兩兄弟受到鴿子的啟發，設計出第一
架飛機，並且起飛成功。

## 你知道嗎？

1783 年時，竟然出現綿羊、公雞和鴨子飄浮在法國凡爾賽上空！這不是玩笑話，而是約瑟夫－米歇爾．孟格菲和雅克－艾蒂安．孟格菲在試飛他們發明的熱氣球。

### 未來

### 洛克希德高空客機

洛克希德高空客機的靈感來自斑尾鷸，這種小鳥能一口氣從阿拉斯加飛到澳大利亞，是鳥類中不落地的最長飛行距離。儘管還在設計階段，這架飛機總有一天可以完成類似的直飛長途旅行。

第一架客機在 1910 年代製造出來，但直到 1950 年代，才在美國廣泛使用。

### 2013 年

### 空中巴士 A350 XWB

空中巴士 A350 XWB 的翼尖像鳥一樣彎曲，能飛得更快。

### 1969 年

### 協和號客機

協和號是第一架比音速還快的客機（時速 1,235 公里）。

### 1914～1918 年、1939～1945 年

### 世界大戰

世界大戰期間，科技大幅進步，飛機不但飛得更快，而且飛行員操縱起來更加上手。

# 像鳥一樣飛行

身體能夠保持穩定的向前移動，是因為被「力」所推拉，這個現象影響著世界上的一切，甚至影響在空中盤旋的生物和機器，任何定速直線飛行的物體都會受到這些力的影響。

「升力」將機身往上抬。

「空氣阻力」或稱「拉力」則是向後作用。

「推力」將機身往前推。

「重力」將機身往下拉。

空氣往下流動

## 翅膀下的祕密

許多飛機的機翼像鳥的翅膀般彎曲，因此空氣會往機翼下方流動，進而產生升力，將機翼向上抬升。物體和氣流相互移動的速度越快，升力就會越大。

## 平穩的前進

鳥類常整理羽毛的原因之一，是讓身體變得更接近流線形，這樣才能讓氣體分子快速通過，進而加快飛行速度；同理，用光滑金屬製造的飛機機體也能因而減少空氣阻力。此外，飛機在飛行時會收起機輪和起落架，就像是鳥類飛行時將腳貼在身體上。

平順的羽毛

收起的雙腳

## V 字形的飛行

各就各位！鳥類的隊伍常排列成 V 字形前進以節省能量。飛行時，這些鳥類的翅膀會將空氣往上推，稱為「上洗氣流」，在隊伍後方的成員可以順著前方同伴的上洗氣流滑翔，並產生升力，隊伍成員會輪流換位置，才不會讓前方的夥伴太累。

全世界的空軍都已經以 V 字形編隊飛行，但是美國科學家正在研究其他種飛機是否也能效仿這種方式。

# 鳥類出頭天

轟！1990 年，新幹線子彈列車以約時速 210 公里的速度從日本各地的隧道中衝出時，伴隨槍砲般的巨響，十分擾民。幸運的是，工程師中津英治是位敏銳的鳥類觀察者，他向這些擁有羽毛的小生物尋求解決噪音的方法。

## 解決列車的噪音問題

子彈列車飛奔時，部分的能量會以聲音的形式傳到空氣。為了降低噪音，中津必須讓車體更接近流線形，尤其是連接車廂和高架電線的裝置「集電弓」設計。

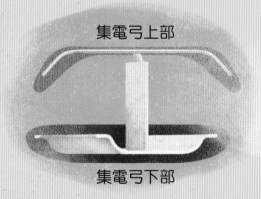

集電弓上部

集電弓下部

## 穩定的滑行

中津從阿得利企鵝身上得到靈感，設計了集電弓下部。企鵝光滑的身體讓牠能快速且安靜的在雪地和水中滑動。

## 接著是貓頭鷹

中津參考貓頭鷹翅膀的形狀設計集電弓上部，因為牠們的翅膀具有極佳的流線形，這讓牠們飛行時幾乎完全靜音。

## 王者般的特質

翠鳥善於潛入水中捕魚，因此流線形的身體有助於牠深入水中，而光滑又尖銳的鳥喙則是刺破河流和湖泊表面的理想工具。中津以翠鳥的鳥喙為靈感，設計子彈列車車頭的形狀，使列車竄出隧道時不再發出巨大聲響。

自從 1964 年開始營運，日本的子彈列車已經服務了超過 100 億名乘客。

子彈列車的速度越來越快，目前已經達到時速 320 公里。

# 飛向浩瀚無垠的宇宙

這些自然界中的飛行員，不僅提供了飛機和列車的設計靈感，還能幫助我們在海上航行，甚至掌握探索浩瀚無垠宇宙的飛行關鍵。

## 火星小蜜蜂

當大衛·鮑伊演唱「火星上有生命嗎？」他或許沒想到答案可能與大空蜜蜂有關。美國航空暨太空總署（NASA）正在開發昆蟲般的小型機器人，打算發送至火星尋找一種由生物排放的氣體「甲烷*」。這批新型機器人的大小和蜜蜂差不多，有一對像蟬的翅膀，速度比目前用的大空探險車快得多。

*「甲烷」可能是火星上是否曾存在生命的重要證據。

## 飛鼠裝和鼯鼠

飛鼠的前肢和後肢之間以皮膜連接，張開後就能在樹梢之間滑翔。皮膜能增加阻力，並減緩重力作用。同樣的，飛鼠裝在腿部之間和手臂下方也有膨脹的織面，穿著它從高處定點跳傘，飛鼠裝的織面亦能減緩降落滲落的速度。

## 降落傘和蒲公英的種子

透過蒲公英種子上方的圓環狀冠毛，能讓種子在著地之前乘風飛行1公里以上，不過這種降落傘不適合人類使用，因為人體太重了！取而代之的是，研究人員正在參考蒲公英的結構，製造出能在風中滑翔的環保無人飛行器。

## 風帆和翅膀

風帆的功能有點像垂直的機翼，將空氣引導到其彎曲的表面上。

## 直升機和蜂鳥

蜂鳥振翅的速度可達每秒80次，因此才能一邊在花上盤旋飛行，一邊暢飲花蜜。這種傑出的飛行技巧常給伊戈爾．西科爾斯基發明直升機的靈感。

# 樹狀建築

城市有時被稱為「水泥叢林」，到處都是高聳入雲的建築物，爭奪陽光與生存空間。儘管你不太可能看見猴子在屋頂上活動，然而建築物與樹木的共同點比你想像的還要多。這些方法就像是建築師從大自然這本書中摘下葉子來學習。

## 形成分枝

「斗栱」是用木材交錯組合的結構，在東亞傳統建築中能幫助主柱支撐屋頂。斗栱的支架結構和樹枝很像，兩者在負重和承受自然受力的表現都非常出色。實際上，1056 年以來，就有一座具備斗栱的寶塔*，歷經好幾次地震都屹立不搖！

*這是位於中國山西佛官寺的木塔，目前為世界上最古老、最高的木塔。

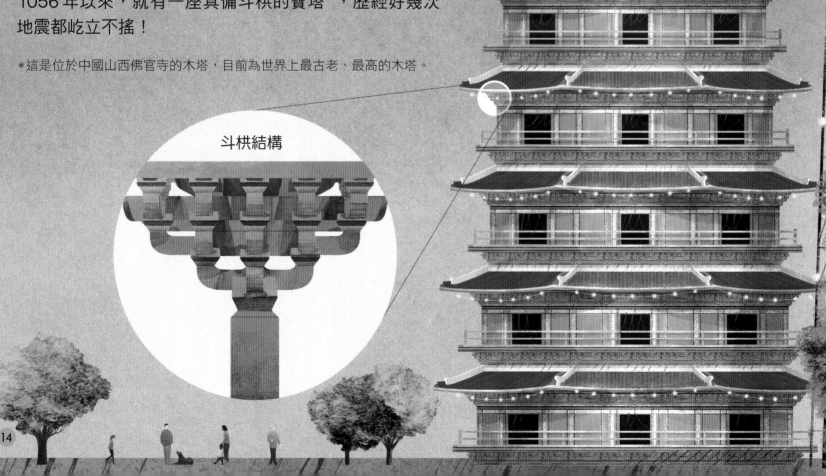

斗栱結構

## ……不，這是「天空樹」！

這是一棵樹？還是建築物？

新加坡的天空樹高度介於25至50公尺之間，就像是個垂直的花園，用鋼製成的「樹幹」上覆蓋了許多葉子。天空樹能收集雨水，就像真正的樹木能吸收水分，有些甚至會裝上太陽能板，藉此將光能轉化成電能。

### 光合作用

植物之所以重要，是因為它們能透過光合作用產生氧氣。

樹葉吸收的光能，是光合作用的必需品。

在陽光的幫助下，二氧化碳和水起了作用，形成醣類，作為植物的能量來源。

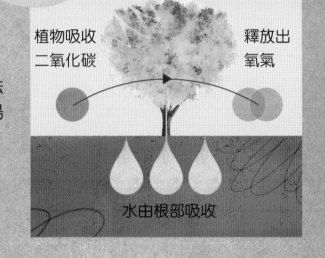

植物吸收二氧化碳　　　釋放出氧氣

水由根部吸收

### 面向陽光

樹木舒開葉子，好讓這些葉子儘可能的吸收陽光。在法國，有一棟名為「白樹」（Arbre Blanc）的公寓，其陽臺的配置設計就是模仿樹葉，以充分利用陽光和空間。

### 有樹之屋

越南的建築師使用樹木遮蔭房屋，可以降低一定範圍內的溫度和改善空氣品質。

# 蜂巢式建築和六角窗

儘管昆蟲體型嬌小，卻對建築設計很有幫助，能為棘手的問題提供巧妙的解決方法。這裡有兩種方法，可以讓我們像蜜蜂和蜘蛛一樣聰明。

## 比蜂蜜更甜

蜜蜂是出色的建築師，擅於利用蜂蠟製作六邊形小空間的蜂巢。六邊形的形狀很容易組合，即便巢壁是用相對較少的蜂蠟製成，也能有很大的空間來儲存蜂蜜和養育幼蟲。由於六邊形的空間能有效被利用，因此人類有許多設計也採用這種形狀。

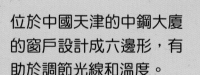

位於中國天津的中鋼大廈的窗戶設計成六邊形，有助於調節光線和溫度。

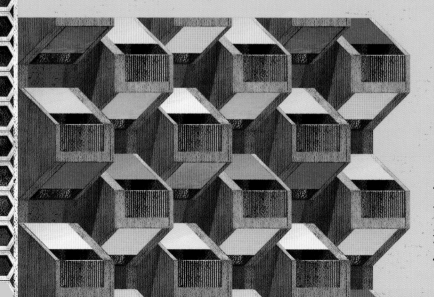

英國的蜂巢浩斯建設公司所建造的六邊形房間，能像蜂巢一樣互相接合或分離，因此很容易將房子擴大或改小。

位於中歐斯洛維尼亞西南部的城市伊佐拉，其國民住宅採用六邊形模型建造，利於遮蔭也能保護個人隱私。

## 注意窗戶

一直以來，蜘蛛的心願都是不讓鳥類破壞牠精心編織的網。為了預防這種災難，某些種類的蜘蛛（例如金蛛科的蜘蛛）能織出鳥類才能看見的蜘蛛絲，這種蜘蛛網可以反射紫外線——一種鳥類看得見但人類看不見的特殊光線。

據估計，每年有數百萬的鳥類因撞上窗戶而死，德國科學家參考蜘蛛網的設計，創造了一種能反射紫外線的玻璃，真聰明！

使用這種玻璃的著名場所包括座落在美國紐約的布朗克斯動物園。

# 綠色機械裝置

從轉動的風力發電機到平滑的太陽能板，有很多方法可以為地球供電而不傷害地球。我們應該遵循自然的方式發電，而不是使用化石燃料。誰不想盡情無憂的在陽光下奔跑呢？

## 光合作用

陽光

二氧化碳

氧氣

醣類

水

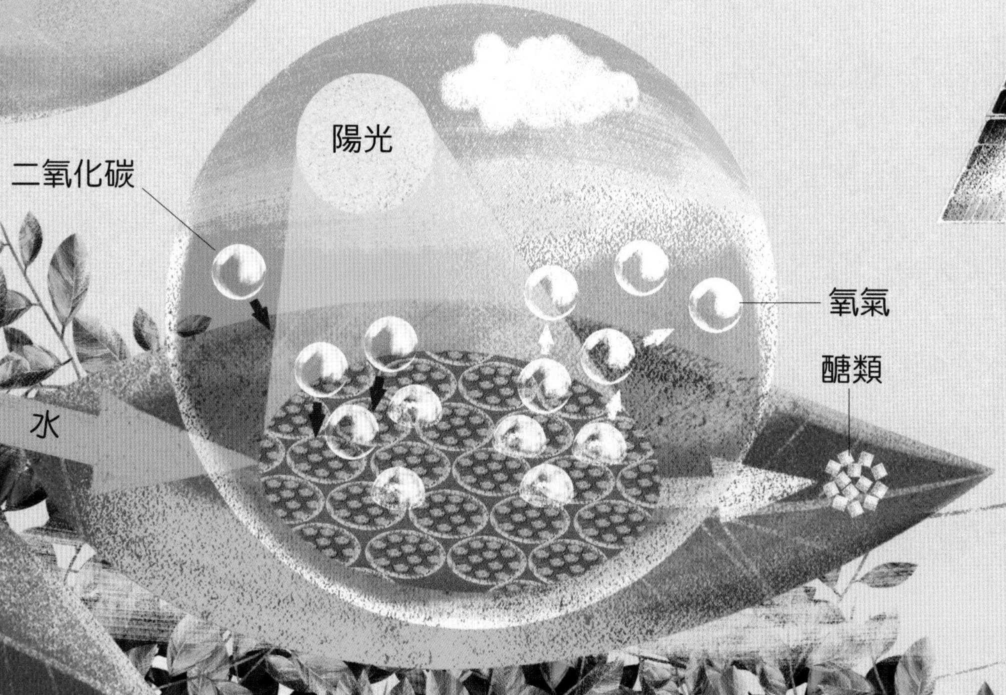

## 植物招待的饗宴

植物都有配備製醣廠來為自己提供能量。光合作用的過程中，植物將從葉子吸入的二氧化碳和從根部吸收的水分結合在一起，在陽光的幫助下，最終的產物是醣類和氧氣，好吃！

18

## 熱門話題

瑞士科學家米夏埃爾·格雷策爾自葉綠素獲取靈感，設計出特殊的太陽能板，而葉綠素是植物體中最會利用太陽能的特殊物質。與一般的太陽能電池板相比，格雷策爾的太陽能板是由二氧化鈦（牙膏中的一種成分）製成，即使在昏暗的光線中也能運作。現在，它正在刷亮地球，讓地球環境和我們的牙齒一樣乾淨！

## 輕而易舉

棕櫚樹是抗風戰士，樹葉沿著主脈彎曲，以減少被空氣吹動的面積。在美國，科學家設計出帶有葉片的風力發電機，這些葉片像棕櫚樹的樹葉一樣束在一起，向內折疊並隨風擺動。這樣的設計讓風力發電機的高度能蓋得更高，產生的電量是美國目前使用量的十倍！

# 當街燈亮起

在電力、燈泡、LED 燈和霓虹燈出現前，世界夜晚的
星火是來自微小的螢火蟲，或許人類後來的
發明遠比這些微光耀眼許多，但請
別忘記最早是這些生物為人
類的生活點起明燈。

## 獨特的小昆蟲

螢火蟲的光是一種生物光，由腹部內的氧
氣和化學物質之間的反應自然發出，該反
應幾乎能將能量 100% 轉變為光能，反觀
有些人類設計的燈泡效率只有 10% 左右，
大部分能量都以熱的形式散失。

## 尋找亮光

大多數在黑暗中活動的生物，是為了避免被掠食者和獵物發現。那麼，螢火蟲為什麼發光呢？不同的物種有各自的發光模式，有時不同顏色的光是用來辨認彼此，並尋找配偶。

### 你知道嗎？

青蛙吃下螢火蟲之後，也會看起來像在發光。

## 明亮的火光

燈泡發光時，部分的光會反射回玻璃內部，所以看起來較暗。但螢火蟲腹部鋸齒狀構造，可以使光線通過，解決亮度不足的問題。研究人員將這種結構複製到 LED 外殼上，使發出的光增加了 55％，是不是更亮了呢？

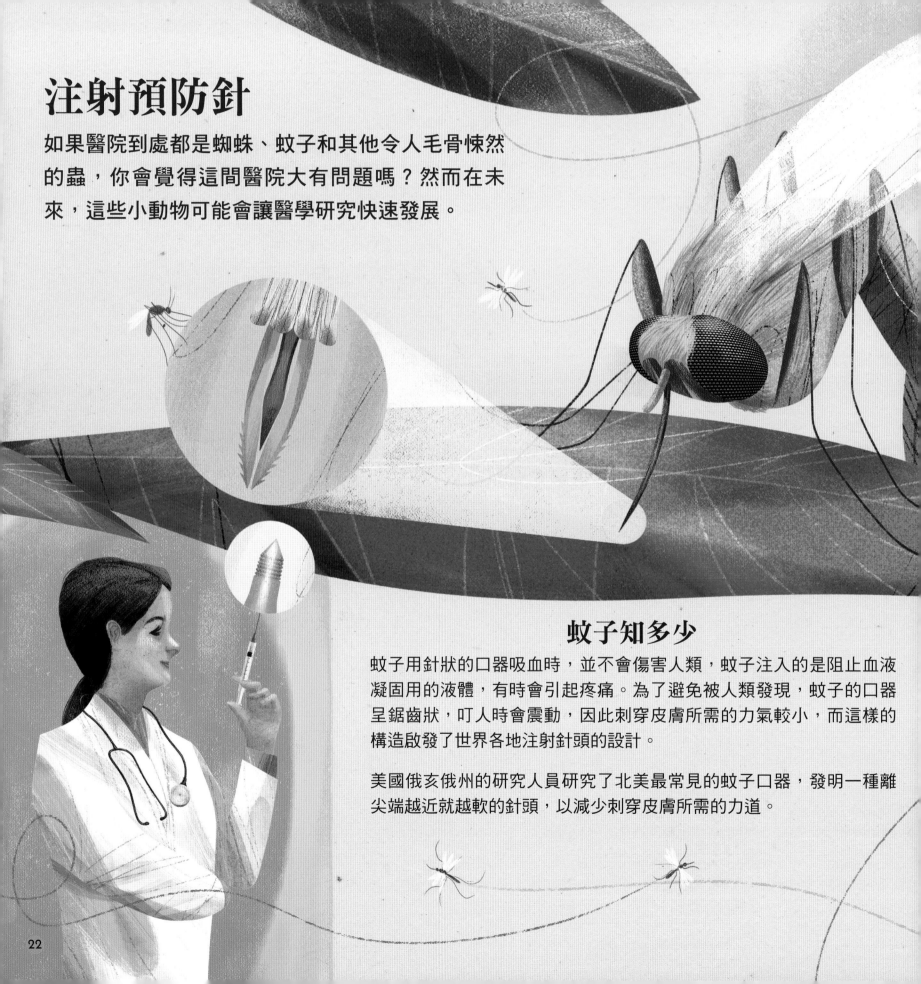

# 注射預防針

如果醫院到處都是蜘蛛、蚊子和其他令人毛骨悚然的蟲，你會覺得這間醫院大有問題嗎？然而在未來，這些小動物可能會讓醫學研究快速發展。

## 蚊子知多少

蚊子用針狀的口器吸血時，並不會傷害人類，蚊子注入的是阻止血液凝固用的液體，有時會引起疼痛。為了避免被人類發現，蚊子的口器呈鋸齒狀，叮人時會震動，因此刺穿皮膚所需的力氣較小，而這樣的構造啟發了世界各地注射針頭的設計。

美國俄亥俄州的研究人員研究了北美最常見的蚊子口器，發明一種離尖端越近就越軟的針頭，以減少刺穿皮膚所需的力道。

## 你知道嗎？

只有母蚊會吸血，雄蚊則是吸食植物的汁液，因為母蚊需要額外的蛋白質來產卵。

## 棘手的問題

皮膚是由多層組織組成，而嬰兒皮膚最外層的角質層尚未發育完全，因此若將固定醫療器材的醫療用膠帶使用在早產嬰兒身上，可能會留下疤痕。為了解決這個問題，美國科學家設計了一種新的無害膠帶，像蜘蛛網一樣，一部分具有黏性，另一部分則不黏，這樣膠帶容易撕下，也不傷皮膚。

## 把傷口包好

蜘蛛絲不會引發過敏反應，因此數千年來一直用來當作繃帶使用。古希臘人會用蜂蜜或醋清洗傷口，接著用蜘蛛網包紮。

# 大眼睛出了什麼好主意？

昆蟲的大眼睛可以幫助我們了解這種既怪異又奇妙的視覺形式，
尤其是蛾，正好能提供科學家一些好靈感。

## 在黑暗中

飛蛾在黑暗中飛行時，為了避免引起注意，成為鳥和蝙蝠
的點心，眼睛上有一層特殊的粗糙外膜，可以在光線下覓
食而不會反光。

科學家複製了這種構造，在電子設備的表面上設計微小的
凸起，製造出抗反射的手機螢幕，這樣在陽光下手機不會
反射刺眼的眩光。

該結構也已用於太陽能電板，因為需要盡可能吸收光以產
生最多能源。

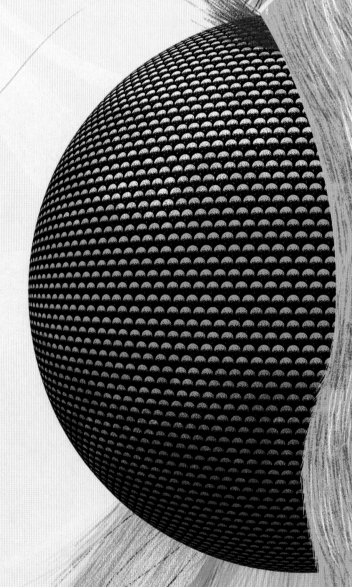

## 蛾眼般的鏡頭

飛蛾擁有絕佳的視力，牠們的眼睛是美國航空暨太空總署（NASA）熱像攝影機的設計靈感來源，可以記錄太空中的熱，也就是紅外線。紅外線抵達地球時非常微弱，因此需要盡可能的感測。也就是說，我們是託了蛾眼的福，才能藉由熱像攝影機看見恆星的形成，以及銀河系中心的黑洞！

## 昆蟲 vs. 人類

將昆蟲與人類的視力拿來相比似乎不公平，因為我們只有兩隻眼睛，但有些昆蟲具有「複眼」，而複眼是由成千上萬個「小眼」組成，可以朝不同的方向看。

這些小眼讓昆蟲能看到較大的範圍，蜻蜓甚至有將近360°的視野，可同時感知前方和後方的物體。不過，人類的視覺也有優點，我們能比這些空中飛的夥伴看到更多細節。

# 翩然起舞

蝴蝶因為擁有虹彩翅膀，成為昆蟲界的時尚達人。長久以來，人類羨慕著蝴蝶的美麗色彩，繼而開始模仿這些生物來創造科技。

## 顏色來自閃爍的色光

看起來是白色的光，實際上是由彩虹所有的顏色組成。有些蝴蝶翅膀鱗片上的特殊結構，能迫使光線繞過而彎曲，進而分離出不同的顏色，這個過程稱為「繞射」。

這些顏色會相互「干擾」，不同色光交會時，有些會疊加而讓新色光變更亮，有些會抵銷而變黯淡。這就是為什麼從不同角度看蝴蝶翅膀會呈現不同顏色的原因。

如果蝴蝶被蜘蛛網困住，牠們翅膀上的鱗粉會撒落，幫助脫逃！

蝴蝶翅膀放大圖

### 你知道嗎？

蝴蝶能看見紫外線但人類卻不行，同樣是蝴蝶的翅膀，蝴蝶眼中所見的和人類所見也不一樣，而且比人類看到的還模糊。

人類看見的

蝴蝶看見的

## 和蝴蝶翅膀一樣

在美國，設計師為 3C 設備製造出特殊的螢幕，能像蝴蝶的翅膀一樣讓光線繞射，優點是這樣的螢幕很容易看得清晰，因為妥善利用了外來光源，而不是使其引起眩光。

## 令人振奮的色彩

有些新發明的塗料和織品，具有類似於蝴蝶翅膀上鱗片的功能，因此顏色看起來會產生變化。這項技術不僅酷炫，無染料的衣服也對環境更加友善。

紅紋鳳蝶

閃蝶裝

## 吸收熱光能的點子

紅紋鳳蝶具有促進綠色能源發展的潛力，其翅膀鱗粉的結構，讓這種昆蟲擅長吸收光和熱。因此仿製蝴蝶的鱗粉，可以幫助太陽能板吸收兩倍的太陽能。

# 生存的本能

動植物非常善於生存，因為要作為一個生存數百萬年的物種，就必須如此，所以當我們人類想挑戰極限時，可以向大自然借鏡。

## 鳥的大腦

有些種類的啄木鳥每天用鳥喙敲擊樹木 12,000 次。這麼做是為了覓食、和其他同伴溝通，以及製作巢洞。

## 骨骼

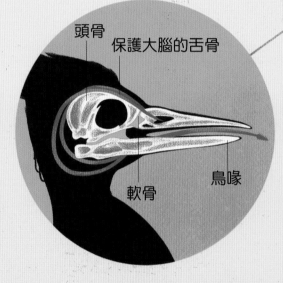

頭骨

保護大腦的舌骨

軟骨

鳥喙

## 天然的安全帽

和其他多數鳥類不同，啄木鳥的鳥喙和頭骨分開，這樣可以讓牠承受巨大的撞擊力道而不會傷到腦部。海綿狀組織「軟骨」亦連接啄木鳥的鳥喙和頭骨，在啄食時吸收了很多衝擊力。

仿造啄木鳥的軟骨，科學家製造出可以吸收震動的自行車安全帽，並在外殼下方再置放一層厚紙板。這種防護裝備所能吸收的力是多層聚苯乙烯安全帽的三倍。

## 蒸散作用的救贖

水從根部被吸收進樹木的體內，並從葉的氣孔中蒸發出來，這個過程稱為「蒸散作用」，蒸散作用能讓水在樹木內流動，以補充從樹葉流失的水分。

為了仿製蒸散作用，科學家設計了一種材料，像葉子一樣具有許多細小的孔隙，能排汗和保暖，因此可用於高科技救生衣、潛水裝和繃帶。

29

# 蝙蝠的導航系統

你好，有人在⋯⋯在⋯⋯在嗎？你可能已經注意到，在較寬闊的空曠處說話時，會產生回音。這個現象對蝙蝠來說非常重要，而科學家也仿製了足以讓自然界產生共鳴的成就。

## 你知道嗎？

聲音以赫茲（Hz）為單位。人類的聽力僅限於較低的音調或介於20～20,000赫茲的頻率（依年齡而異），而蝙蝠可以聽到高達110,000赫茲的高頻音。

## 發出聲音定位

蝙蝠發出聲音時，聲音會從附近的物體上反射回到蝙蝠的耳朵。藉由測量從發出聲音和聽到聲音的時間差，蝙蝠可以知道障礙物的位置、大小以及是否正在移動，這稱為「回聲定位」，能幫助蝙蝠導航、找到美味的點心。

## 來點噪音

聲納是人類發明的回聲定位系統。發出聲波後，科學家從聲波返回的方式和所需的時間蒐集資訊。聲納最初是為了定位冰山而發明的，如今可幫助尋找地雷、繪製海底圖和用於孕婦超音波產檢。由於聲音在水中也能順利傳播，因此對於海上活動特別有幫助。

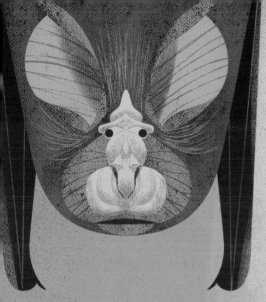

## 你知道嗎？

雖然大多數蝙蝠是用舌頭或喉嚨發出回聲，但有些物種（例如蹄鼻蝠）會用鼻子發出聲音。鼻孔能充當迷你擴音器，讓聲音更大聲。

## 大耳朵

你會覺得蝙蝠長得有點怪嗎？蝙蝠的耳朵大，能接收聲音。蹄鼻蝠甚至可以在十分之一秒內改變耳朵的形狀，讓自己聽得更清楚，而且蝙蝠還會收縮耳朵的肌肉，保護自己免受噪音干擾。

## 雷達偵測

雷達的功能是利用無線電偵測與定距，這原理與運用回聲定位一樣，只差在雷達是使用無線電波代替聲音。無線電波的傳遞速度更快，在惡劣天氣下運作得比聲音更好，而且可以觸及水中遠處的物體。雷達的用途包括繪製行星地圖和飛機導航。

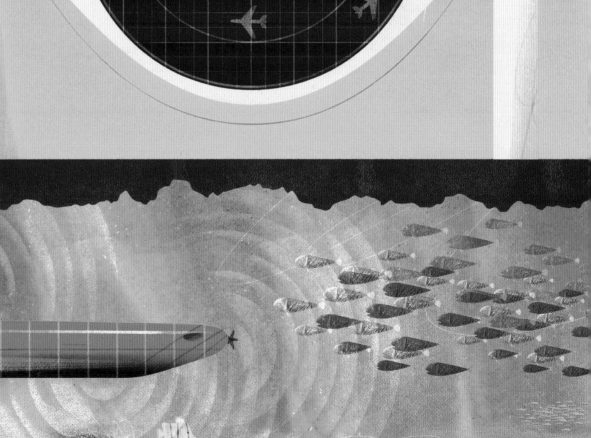

# 小鳥和蜜蜂

是要對決或是逃走？適者才能生存，這是一個不擇手段求生的世界。你可能會認為自然界是個競爭激烈的競技場，生物在其中只會相互競爭，但大自然其實也是結盟的地方唷！

## 嬌小的舞者

蜜蜂之間的交流簡單卻十分重要，因為每天的食物來源不盡相同，甚至會依季節而改變。當偵察蜂發現多汁的花蜜時，牠們會跳舞讓蜂巢裡的夥伴明白美食的位置、距離和甜度。

為了了解這些訊息，覓食蜂會跟著偵察蜂，直到牠們記住動作並找到花蜜。回到蜂巢後，牠們再用舞蹈將訊息傳給其他蜜蜂。

## 鳥語

土耳其有個聚落名為「居庫斯科」，意思是「鳥村」，以前牧羊人透過可以穿越山脈的哨聲溝通。現在，當地人更傾向使用手機進行遠距離通話，吹哨手只剩下一萬人左右。

## 為晚餐歌唱

鳥類能發出大自然中最複雜的聲音，以鳴唱吸引配偶並宣示領域。牠們能辨識不同鳥種的歌曲型式，也能辨別出同類中不同的個體。

## 遍布世界的網路

網路上的訊息是由稱為「伺服器」的大型電腦所儲存的，這些伺服器將訊息串連並發送到你在家中或學校使用的「用戶端」電腦。如果許多「用戶端」電腦同時使用同一臺伺服器，可能會大幅降低傳訊速度。就像蜜蜂讓對方知道要做的工作一樣，科學家調整不同伺服器之間的程式，讓伺服器之間能「交談」並分攤工作。

33

# 樹木網際網路

樹木透過暱稱為「樹木網際網路」的真菌系統在地底下蔓延，這個結構有助於樹木共享養分和氣體，很適合當作人類通訊和交流的範例。

## 樹木家族

年齡較大的樹木或「母樹」會將養分供給還不能接收陽光或無法扎根到地面吸水的幼苗。母樹死後，植株內所儲存的碳亦會釋放給附近的幼苗作為能量，此外還會發出防禦信號，幫助小樹面對未來的危險。透過這樣的方式互相支援，樹木便能保護整座森林。

## 悠閒的喝相思樹茶

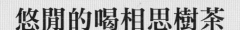

傘刺相思樹在被食用時會釋放出一種警告氣體，告訴
其他的相思樹將「單寧」這種化學物質釋放到葉子中，
大量單寧會對植食動物有害，藉以保護族群。而人類也是因
此從茶和咖啡中攝取到單寧。

長頸鹿有辦法解決這個問題，在順風處吃葉子，這樣
一來警訊便無法傳遞，真是奸詐！

## 在葉脈中旅行

葉脈是樹木的高速公路，運送水分和養分。
儘管我們通常認為直線是 AB 兩點之間移動的
最佳方式，但長遠來看，繞路和環形路線更
好。這樣葉子如果有部分受損，就還能有很
多替代道路來迴避出問題的地方，這樣的概
念對規畫城市供水或供電線路有所幫助。

## 向樹木學習危機處理

我們的世界充滿了網路連線，例如網路連接了不同的電腦，還能分
配電力和供水。隨著這些系統自動化，系統處理問題的能力也更加
重要。樹木在危機中能保持冷靜，在遇險時會互相幫忙，這些出色
的地方，可以成為此類系統處理意外災難的參考模式。

# 返回地面

從這本書中，你已經了解了我們常常從大自然中學習扎根未來的方法。

書中提到的某些發明由於成本或難度太高，以至於無法大規模生產，

但研究人員正在努力實現點子。

有一天，你家可能由樹葉狀的太陽能板供電、燈泡能像螢火蟲一樣有效率的發光，

而你穿著具有蝴蝶翅膀功能的衣服，閃耀著絢爛斑彩。

還有很長的路要走，還有更多的發明要嘗試或再改良。

為此，我們需要被大自然吸引的人，

需要對錯綜複雜的葉脈或子彈列車都能同樣感興趣的人。

因為關注小細節的人將會看到更大的視野，

也許我們需要的人就是你。

讓你的想像力天馬行空。

# 詞彙表 （以首字筆畫順序排列）

【A～Z】

**LED：**「發光二極體」的英文縮寫，透過單一電流方向將電能轉為光能。

【1～5畫】

**力：**讓物體形狀改變或移動的作用。

**二氧化鈦：**用於油漆、牙膏和化妝品的化學物質。

**干擾：**相同頻率的聲波或光波相遇，因而互相抵消或互相增強的現象。

**小眼：**組成昆蟲複眼的單元。

**口器：**通常指昆蟲突出的口部器官。

**上洗氣流：**空氣與機翼接觸時，空氣向上移動的現象。

**斗拱：**東亞傳統建築中使用的木製負重系統。

**化石燃料：**由動物或植物形成的碳或石油，燃燒後可釋出能量。

**升力：**物體通過氣體或液體時，會使物體上升的力。

**生物光：**由活的生物自然發出的光。

**用戶端（資訊科技用語）：**連接伺服器的個別使用者。

**幼蟲：**生命週期早期，通常指幼齡的昆蟲或無脊椎動物。

**甲烷：**大氣中的一種氣體，大多由生物分解而來。

【6～10畫】

**回聲定位：**利用物體反射的回聲了解周遭環境的方法。

**舌骨：**舌頭內的骨骼構造。

**光合作用：**植物獲得能量的過程，運用陽光將二氧化碳和水轉變為醣類和氧氣。

**伺服器（資訊科技用語）：**管理資訊並為用戶端提供服務的電腦。

**角質層：**皮膚的最外層。

**空氣阻力：**使物體在空中移動速度減慢的力。

**定點跳傘：**以降落傘或飛鼠裝從懸崖或建築物跳下的極限運動。

**波長：**波上兩個相同點之間的距離，例如從波峰到另一個波峰。波長的差異是區分能量種類的方式，包括光和聲音。

**紅外線：**看不見但可以感覺到熱的能量。

**虹：**物體因視角而改變顏色的光學現象。

**音調：**人體感受聲音高亢或低沉的程度。

**流線形：**容易在液體或氣體中移動的形狀。

**重力：**地球引力作用在物體上，方向向下的力。

**氣流：**移動中的空氣。

**真菌：**是一群不屬於動、植物，能透過釋放酵素於體外分解食物再吸收的生物，包括酵母菌、黴菌和菇類。

**真菌系統：**連接樹木的真菌網路，可以交換養分和訊息。

【11～15畫】

**軟骨：**身體內具彈性的組織，尤其在關節周圍。

**探險車：**用於探索困難地形的遙控車。

**推力：**使物體順向移動的力。

**無人飛行器：**泛指沒有駕駛員的飛行器。

**視野：**眼睛固定不動時，生物能看見的範圍。

**集電弓：**讓交通工具能從上方電纜獲得電源的裝置。

**單寧：**植物體內的黃褐色物質，例如茶葉中。

**超音波：**頻率大於 20,000 赫茲的聲音，人類無法聽到。

**紫外線：**波長介於 10nm 到 400nm 之間，人類無法看見的電磁波輻射。

**腹部（昆蟲）：**昆蟲身體的最後一節。

**葉綠素：**樹葉內的綠色物質，能吸收光線行光合作用。

**滑翔翼：**沒有引擎，利用自身動量和氣流在空中移動的飛行器。

**塔：**一種亞洲的建築形式。

**雷達：**無線電偵測與定距。透過無線電波反射來偵測物體並估算速度、位置、方向和位置的系統。

**碳：**二氧化碳、炭、鑽石等物質都含有的化學元素。

**蒸發：**液態變為氣態的過程。

**赫茲（Hz）：**測量波的頻率單位，每秒一次為 1 赫茲。

**蒸散作用：**水經過植物體由葉子排出到大氣的過程。

**撲翼機：**機翼能拍動的飛行器。

【16～18畫】

**頻率：**每秒鐘「波」循環的次數。

**聲納：**聲音導航與測距。使用聲波搜尋物體的系統，通常用於水下定位物體。

**繞射：**障礙物導致光波散開或改變方向的現象。

### 文
**哈里艾特・伊旺** Harriet Evans

英國人，從事兒童讀物出版相關工作，並投入大量的時間探索動物的有趣知識，一邊大口喝茶，一邊想像著驚奇的冒險。

### 圖
**貢薩洛・維亞納** Goncalo Viana

來自葡萄牙里斯本，主修建築，並移居到倫敦做了幾年工作。插圖是他的初戀，而回到里斯本後，放下建築工作，以自由插畫家之姿重新起步。建築中的幾何學讓他找到參透事物的方法，以及作為概念、強烈色彩和紋理的框架。

### 翻譯
**林大利**

特有生物研究保育中心助理研究員，主要研究小鳥、森林和野生動物的棲地。出門一定要帶書、對著地圖發呆很久、算清楚自己看過幾種鳥；同時也是個龜毛的讀者，認為龜毛是一種科學寫作的美德。

閱讀與探索

# 向大自然借點子

**看科學家、設計師和工程師如何從自然中獲得啟發，運用仿生學創造科技生活**

文：哈里艾特・伊旺｜圖：貢薩洛・維亞納｜翻譯：林大利（特有生物研究保育中心助理研究員）

總編輯：鄭如瑤｜主編：劉子韻｜美術編輯：李鴻怡｜行銷副理：塗幸儀

社長：郭重興｜發行人兼出版總監：曾大福
業務平臺總經理：李雪麗｜業務平臺副總經理：李復民｜海外業務協理：張鑫峰
特販業務協理：陳綺瑩｜實體業務經理：林詩富｜印務經理：黃禮賢｜印務主任：李孟儒
出版與發行：小熊出版・遠足文化事業股份有限公司
地址：231新北市新店區民權路108-2號9樓｜電話：02-22181417｜傳真：02-86671851
劃撥帳號：19504465｜戶名：遠足文化事業股份有限公司
客服專線：0800-221029｜客服信箱：service@bookrep.com.tw
E-mail：littlebear@bookrep.com.tw｜Facebook：小熊出版
讀書共和國出版集團網路書店：http://www.bookrep.com.tw
團體訂購請洽業務部：02-22181417 分機1132、1520

法律顧問：華洋國際專利商標事務所／蘇文生律師｜印製：凱林彩印股份有限公司
初版一刷：2020年12月｜定價：380元｜ISBN：978-986-5503-93-2

Original title: IN THE SKY: DESIGNS INSPIRED BY NATURE
First published in Great Britain 2020
by 360 Degrees, an imprint of the Little Tiger Group,
1 Coda Studios, 189 Munster Road, SW6 6AW London
Text by Harriet Evans
Text copyright © Caterpillar Books Ltd. 2020
Illustrations copyright © Goncalo Viana 2020
This translation published through Andrew Nurnberg Associates International Limited.
All rights reserved.

小熊出版讀者回函　小熊出版官方網頁

國家圖書館出版品預行編目(CIP)資料

向大自然借點子：看科學家、設計師和工程師如何
從自然中獲得啟發，運用仿生學創造科技生活 / 哈
里艾特・伊旺(Harriet Evans)文；貢薩洛・維亞納
(Goncalo Viana)圖；林大利譯. -- 初版. -- 新北市：小
熊出版：遠足文化事業股份有限公司發行, 2020.12
40面；26.5×26.6公分. -- (閱讀與探索)
譯自：In the sky : designs inspired by nature
ISBN 978-986-5503-93-2 (精裝)

1.生活科技 2.仿生學 3.通俗作品

400                                                    109019616

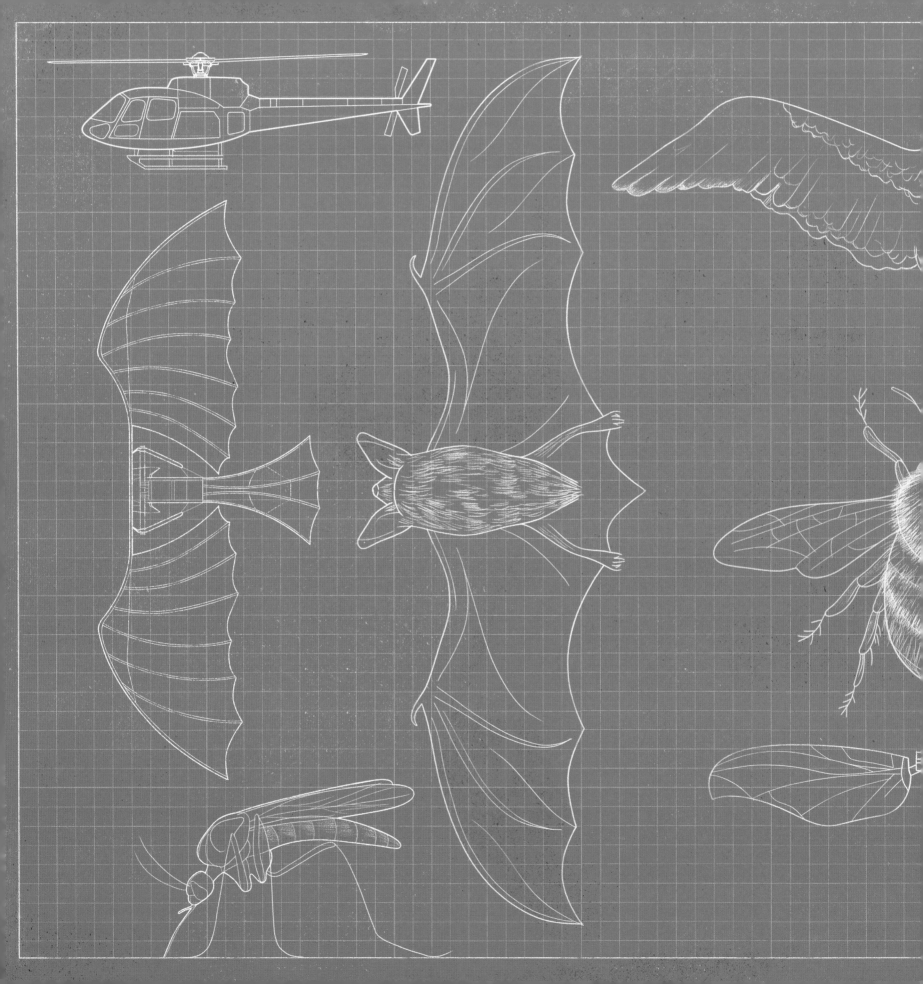